LA ZOOTECNIA Y EL BIENESTAR ANIMAL

SU RESPONSABILIDAD EN LA CALIDAD E INOCUIDAD DE LA CARNE

DR. CARLOS ARIEL G. CASTILLO VICIOSO, MV, MSc

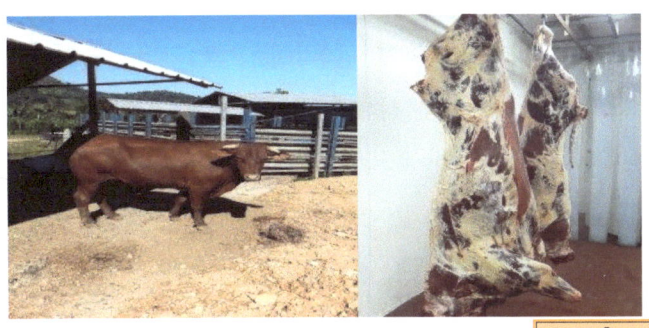

INTRODUCCIÓN

"...las últimas 24 horas de vida del animal antes del sacrificio, son probablemente las más importantes durante todo el ciclo de producción"
Tarrent, 1989.

En la actualidad casi todos estamos de acuerdo en la gran responsabilidad de las técnicas de producción y del manejo adecuado para brindarles un bienestar, ya que se pueden causar sufrimientos a los animales, sin que exista necesariamente una intencionalidad y crueldad por nuestra parte. Por ello, deberíamos exigir la existencia de unos controles que, aplicados de forma efectiva en casi todos los aspectos de manejo y de producción pudiesen prevenir el sufrimiento animal. Los estados de sufrimiento y satisfacción de los animales, no podemos medirlos directamente, pero si podemos evaluarlos mediante la observaciones de las manifestaciones que los animales emiten como respuesta a diferentes estímulos. En este sentido los principales indicadores de sufrimientos o satisfacción son el estado de salud, el nivel de producción y el comportamiento de los animales. **Bejarano, 2011**.

Todo esto permite que las diferentes disciplinas que tienen su accionar sobre el manejo, cuidado y producción de los animales interaccionen para brindar este bienestar. Por lo que las autoridades que componen los diferentes eslabones que componen la cadena agroalimentaria, deben aunar esfuerzos y establecer estrategias, con metas y objetivos claros y definidos, identificando los factores que se necesitan fortalecer para que en el país, se cumpla con las directrices de planteados por la zootecnia, las buenas practicas pecuarias y la inocuidad agroalimentaria en su conjunto.

CONTRIBUCION DE LA ZOOTECNIA Y EL BIENESTAR ANIMAL EN LA CALIDAD E INOCUIDAD DE LOS ALIMENTOS DE ORIGEN PECUARIOS.

Se entiende como Zootecnia, de manera moderna como: "el uso de principios y prácticas modernas en la cría y el manejo de los animales". *Burton, 2009* De modo que el manejo zootécnico, permite una perfecta integración entre el medio ambiente, los animales y el hombre.

Las nuevas técnicas de producción animal han sometido a los animales a grandes restricciones de espacio, introduciéndolos en jaulas de reducidas dimensiones, en las cuales, son incapaces de poner en marcha gran parte de su repertorio de comportamiento podíamos decir, que los nuevos factores ambientales consecuentes al confinamiento de los animales en las granjas de producción, producen efectos no deseados en los animales al procesar a los sistemas de control de los individuos causando estrés, miedo, ansiedad, enfermedad y frustración, estas situaciones, en condiciones extremas son causantes de sufrimientos en los animales. Pero, en las intensificaciones de la producción animal no todo es negativo, ya que conlleva grandes ventajas tanto para el hombre como los animales. La producción intensiva a traído como consecuencia un aumento en la producción ya que se ha podido controlar la alimentación y algunos factores ambientales, (luz, temperatura, humedad) que han contribuido en mejorar las condiciones de vida de los animales y por tanto la reproducción y la nutrición, ahorrando energía y haciendo mas eficiente la conversión de los piensos en alimentos para consumo humano.

El bienestar animal es una ciencia desarrollada recientemente aunque, el interés del hombre por el buen trato a los animales es muy antiguo y se viene implementando a través de la cría y manejo de los animales, que en este caso se ha entendido siempre como zootecnia. De aquí la importancia de esta rama de las ciencias pecuaria para favorecer el desarrollo del concepto de bienestar animal, para la obtención de alimentos de calidad e inocuo. *Bejarano, 2011*

En la actualidad se percibe un inusitado interés por el bienestar animal, lo que demuestra que el ser humano se empieza a dar cuenta del valor intrínseco que tiene que mejorar las condiciones de vida de los animales domésticos.

En el último siglo, el esfuerzo adaptativo ha sido desproporcionadamente mayor para los animales, ya que las condiciones de explotación impuestas han sido muy duras y exigentes, hasta llegar a las décadas pasadas donde la intensificación de la producción produjo grandes modificaciones de las características genéticas y fisiológicas de los animales, dando lugar a situaciones de estrés debidas a reajustes en sus capacidades fisiológicas y de conducta, manifestadas por las alteraciones de comportamiento encontradas. Las técnicas de producción animal han sometido a los animales a grandes restricciones de espacio. Estas situaciones, en condiciones extremas, son causantes de sufrimiento en los animales.

CERDA Y SUS CRIAS EN LA MATERNIDAD

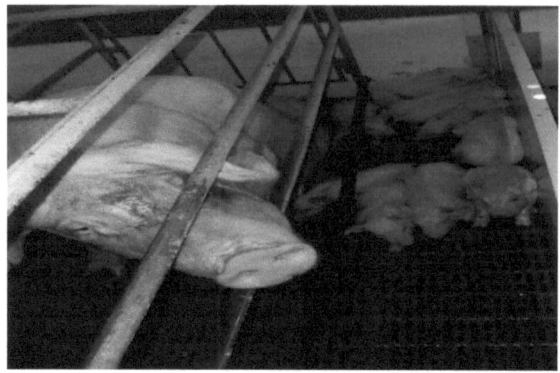

Fuente: Tomada por el autor. Bani. RD. 2010

En la actualidad hay casi unanimidad en la gran responsabilidad que las técnicas de producción y manejo tienen sobre el bienestar, ya que se puede causar sufrimiento a los animales sin que exista necesariamente una intencionalidad y crueldad por parte del productor. Por ello, debería exigirse la existencia de unos controles que, aplicados de forma efectiva en casi todos los aspectos de manejo y producción, pudiesen prevenir el sufrimiento animal.

Los principales indicadores de sufrimiento o satisfacción son el estado de salud, el nivel de producción y el comportamiento.

Los estímulos o agentes causantes del bienestar debemos buscarlos en el medio físico, el social y el entorno que rodea al animal. Entre ellos destacaríamos el alojamiento, la disponibilidad de espacio, el tamaño del grupo social, la periodicidad de cambio dentro del grupo, las condiciones ambientales y la mala relación hombre-animal. *Bejarano, 2011*

El bienestar animal también debe ser considerado desde el punto de vista de calidad de los productos obtenidos. En este sentido existen tres razones para preocuparse por el bienestar animal. La primera seria una razón moral, es decir, tener la seguridad o la sensación de estar haciendo bien las cosas, jugar limpio, sin faltar al respeto a los animales. Por otro lado los productos de baja o mala calidad indican un bienestar bajo. Finalmente habría que citar los riesgos que pueden existir de pérdida de cuota de mercado por la venta de productos con apariencia de bajo bienestar.

Unas condiciones de bienestar inadecuadas pueden dar lugar a una inferior calidad de la carne. En el mercado de la carne fresca se producen pérdidas por rechazo del producto o por bajar de categoría la carne de pobre calidad.

Existen numerosas definiciones de bienestar animal, pero hay un creciente consenso de que cualquiera que sea la definición, tiene que incluir tres elementos: el estado emocional del animal, su funcionamiento biológico y su capacidad para mostrar los patrones normales de comportamiento. Estos tres elementos están estrechamente relacionados entre sí. Las cinco libertades desarrolladas por el Consejo de Bienestar de los Animales de Granja (FAWC) del Reino Unido proporcionan un marco multidisciplinar e integrador del bienestar animal. Estas libertades incluyen: nutrición adecuada, sanidad adecuada, ausencia de incomodidad física y térmica, ausencia de miedo, dolor y estrés, y capacidad para mostrar la mayoría de conductas propias de la especie. El principio de las cinco libertades constituye una aproximación práctica muy útil al estudio del bienestar y a su valoración en las explotaciones y durante el transporte y sacrificio de los animales de granja. Además, este principio ha constituido la base de muchas de las leyes de protección de los animales.

Este hecho, es simple mente por los desconocimientos de las técnicas, las prácticas y las normas para la protección de los animales en los diferentes sistemas de producción o explotación de los animales. Que solo es posible conocer a través de la zootecnia.

El conocimiento de las técnicas zootécnicas, inician desde la ubicación de las instalaciones, su orientación, tipos de materiales a utilizar en estas, selección de las razas o líneas genéticas a criar, la calidad del agua para consumo de los animales y el personal responsable de la finca, capacitación del personal, calidad del suelo, calidad de los pastos y forrajes, así como su disponibilidad, calidad e inocuidad de los piensos, y otros factores que interfieren en la salud y el bienestar de los animales de producción.

AMBIENTE INADECUADO PARA EL ALOJAMIENTO ANIMAL

Fuente: Tomada por el autor.

Cuando en el país, se legisle sobre las normas del bienestar animal las explotaciones ganaderas ubicadas en el ámbito territorial estas deberán cumplir las normas generales mínimas exigida.

Fuente: Tomada por el autor. El Carril, Mao. 2018

La responsabilidad del cumplimiento del bienestar animal, debe iniciar en las aulas de las escuelas y las universidades, y ser fomentada a través de los técnicos pecuarios (Peritos, Zootecnista y Médicos Veterinarios), como una forma vital del desempeño profesional.

Es competencia también de los empleados y de los propietarios o criadores, adoptar las medidas adecuadas para asegurar el bienestar de los animales con vistas a garantizar que éstos no padezcan dolores, sufrimientos ni daños inútiles. Que las condiciones en que se crían o se mantenga los animales, teniendo en cuenta su especie y grado de desarrollo, adaptación y domesticación, así como sus necesidades fisiológicas y etológicas de acuerdo con la experiencia adquirida y los conocimientos científicos.

Las universidades donde se imparte la zootecnia como asignatura, debe ser responsable de formar un personal competente, con la responsabilidad y concientización que garantice ecuánimemente el bienestar de los animales que maneje.

Se debe contar para ello con un número suficiente de personal que posea la capacidad, los conocimientos y la competencia profesional necesarios.

En relación con las instalaciones y las diferentes áreas donde se mantienen y manejan los animales en criaderos en los que su bienestar dependa de atención humana frecuente donde se facilite su inspección una vez al día como mínimo. Los animales criados o mantenidos en otros sistemas de producción, serán inspeccionados a intervalos suficientes para evitarles cualquier sufrimiento.

El Reglamento 52-08 Sobre Reglas Básicas de Buenas Prácticas Ganadera, vigente en el país, establece que los animales dispondrán de iluminación apropiada (fija o móvil) para poder llevar a cabo una inspección completa de los animales en cualquier momento.

También ya el país cuenta con la **Ley 248-12** Dominicana proclamada el 26 de enero 2010, de Protección Animal y Tenencia Responsable. Ley No. 248-12 de Protección Animal y Tenencia Responsable: hacia una efectiva protección, cría y manejo de los animales, tanto de compañía como de los destinados al abasto

Todo animal que parezca enfermo o herido recibirá inmediatamente el tratamiento apropiado y, en caso de que el animal no responda a estos cuidados, se consultará a un veterinario lo antes posible. En caso necesario, los animales enfermos o heridos se aislarán en lugares adecuados en función de la especie, adaptación y domesticación de la misma, necesidad fisiológica, experiencias adquiridas y productivas, y la evolución de los conocimientos científicos.

El propietario o criador de los animales llevará un registro en el que se indique cualquier tratamiento médico prestado, así como el número de animales muertos descubiertos en cada inspección. Se deberá garantizar la eliminación correcta de los equipos y utensilios utilizados para el tiramiento médico veterinario de los animales, evitando con ello la contaminación del medio ambiente, de los seres humanos y de los demás animales del rebaño.

Los registros y documentaciones, deben ser completos, conforme a dar las evidencias necesarias sobre todas las actividades y prácticas que se apliquen durante el manejo y crianza de los animales. En caso de que haya de conservar información equivalente para otros fines, ésta bastará también a efectos para las inspecciones y las auditorias que realice el ente oficial, que en este caso serán el Departamento de Inocuidad Agroalimentaria, DIA, y la Dirección de Sanidad Animal, también dependencias ambas del Ministerio de Agricultura, MA.

Por norma nacional e internacional dichos registros se mantendrán durante 3-6 años como mínimo y se pondrán a disposición del MA y o de cualquier entidad competente cuando realice una inspección o cuando los solicite.

Registros de control de apiarios

Fuente: OIRSA. Buenas prácticas ganaderas. 2012

Aunado a un programa de registro y documentación, debe implementarse un sistema de rastreabilidad o trazabilidad, que permita dar seguimiento a los animales, insumos, productos y derivados de la producción ganadera, desde la granja o finca hasta la mesa del consumidor final. Ante cualquier desviación durante el proceso productivo o proceso, se pueda verificar o identificar el posible riesgo o peligro.

Para los fines de la libertad de movimientos propia de los animales de manera que se les cause sufrimiento o daños innecesarios, teniendo en cuenta la especie, su grado de adaptación y domesticación, así como sus necesidades fisiológicas, en el país, no existe una norma o reglamento especifico que regule esta mala práctica, ya que el Reglamento solo lo establece de manera general, lo que las autoridades competentes, deben ir estableciendo dicha normativa.

Jaulas de confinamiento de cerdas

Fuente: Tomada por el autor.

Cuando los animales se encuentran atados, encadenados o retenidos continua o regularmente, se les proporcionará un espacio adecuado a sus necesidades fisiológicas y etológicas, de manera que las jaulas, potreros y lugares donde se encuentren deben garantizar un ambiente ajustado a sus necesidades.

En países la comunidad Europa y los Estados Unidos, existen normas que establecen parámetros de necesidad de espacios para cada especie animal, según función de la especie y grado de desarrollo, adaptación y domesticación de la misma.

Parámetros de uso en Estados Unidos y Europa de espacio requerido por animal según su etapa de desarrollo

Categoría	Peso en kg.	Superficie en m^2 por animal
Ternero de cría	55	0.30 a 0.40
Terneros mediano	110	0.40 a 0.70
Terneros pesados	200	0.70 a 0.95
Bovinos medianos	325	0.95 a 1.30
Bovinos pesados	550	1.30 a 1.60
Bovinos muy pesados	> 700	> 1.60

FUENTE: Legislación europea. Reglamento 178

Los locales, jaulas, edificios y establos, deben ser construidos de materiales que se utilicen para la construcción de establos y, en particular, de recintos y de equipos con los que los animales puedan estar en contacto, no deberán ser perjudiciales para los mismos, y deberán poderse permitir la limpieza y desinfección correcta, que garantice la eliminación de los agentes patógenos, así como evitar la entra de plagas y roedores.

Los establos y accesorios para atar a los animales se construirán y mantendrán de forma que no presenten bordes afilados ni salientes, que puedan causar heridas a los animales.

Instalaciones ganaderas.

Fuente: tomada por el autor. Guanuma, Yamasa. RD. 2018

Para la regulación de de las corriente de aire, deben colocarse cortinas, para regular la entrada de este a las jaulas y galpones; sobre todo en el área de maternidad y de las jaulas de iniciador y crecimiento. Esta deben ser colocadas de manera tal, que suban, no que bajen, porque de esta forma permiten la salida del aire y del amoníaco, que se produce por las orinas y estiércol animal.

La circulación del aire, el nivel de polvo, la temperatura, la humedad relativa del aire y la concentración de gases deberán mantenerse dentro de los límites que no sean perjudiciales para los animales.

FORMA DE COLOCACION DE LAS CORTINAS

Fuente: Anónimo

Los animales mantenidos al aire libre, específicamente en lugares como el nuestro donde las inclemencias del calor, ocasiona múltiples daños a los mismos, como son el estrés calórico y la insolación, necesitan de sombras en los potreros y a campo abierto. Una práctica bien usada es permitir el crecimiento de arboles que proporcionen sombras o de galpones o casetas adecuadas.

También estos animales deben ser protegidos de posibles inundaciones, u otras inclemencias del tiempo, los depredadores y el riesgo de enfermedades.

Las fincas o granjas deben poseer todos los equipos automáticos o mecánicos indispensables para la salud y el bienestar de los animales que permitan su inspección, al menos, una vez al día.

Granja avícola y finca bovina. Bonao, RD.

Fuente: Foto tomada por el autor. Bonao. RD. 2013

La zootecnia y el bienestar animal contemplan una alimentación adecuada, así como el suministro de agua adecuada y otras sustancias, que no dañen o mengüen la salud de los animales. Los animales deberán recibir una alimentación sana que sea adecuada a su edad y especie y en suficiente cantidad y calidad, con el fin de mantener su buen estado de salud y de satisfacer sus necesidades de nutrición, considerando, en cualquier caso, sus necesidades fisiológicas.

Fuente: Anónima.

Estos piensos o forrajes e incluso los subproductos agroindustriales deben ser manejas y conservados de manera adecuada de acuerdo, que no permitan que se dañen o contaminen con agentes, plagas o sustancias tóxicas.

Transporte de pastos (pacas de Pajón haitiano)

Fuente: Foto tomada por el autor. 2013

SEQUIAS Y ESCASEZ DE PASTOS Y FORRAJES PARA LA ALIMENTACION DEL GANADO

Estos alimentos deben con frecuencia ser evaluados y analizados, tomando muestras al azar de estos, para determinar su calidad e inocuidad. Una práctica recomendad es comprar los alimentos e insumos en fábricas reconocidas.

La Fuente de agua para el ganado o la Granja.

Fuente: Anónima

En cuanto al consumo de agua los animales deberán tener acceso a una cantidad suficiente de agua de calidad adecuada, o como estas establecido en el **Codex Alimentarius**: agua limpia para la alimentación del ganado. Este mandato establece que el animal deberá poder satisfacer su ingesta líquida diaria requerida, según su edad, condiciones fisiológicas y especie o raza animal. La norma establece que esta agua, se le realicen análisis físico-químico y microbiológico, por lo menos 3 a 4 veces por año, donde el promedio de los resultados estén por debajo de la norma, y anualmente compara año a año, esto es de cada fuente primaria que exista en la granja o finca. Tomando como referencia el promedio anual, este análisis debe ser realizado por un laboratorio competente reconocido y acreditado por los entes oficiales.

Otro punto importante en la alimentación de los animales es el uso de los comederos, bebederos, equipos, vehículos y de los utensilios que se utilizan para el suministro de estos, estos deberán estar concebidos, construidos y ubicados de tal forma que se reduzca al máximo el riesgo de contaminación de los alimentos y del agua y las consecuencias perjudiciales que se pueden derivar de la rivalidad entre animales.

Pacas para alimentar al ganado. Texas. 2018

Fuente: Foto tomada por el autor.

Es pertinente que en el caso en que se deba suministra algún aditivo o ingrediente u otra sustancia, a excepción de las suministradas con fines terapéuticos o profilácticos para tratamiento zootécnico, se debe contar con el aval de las autoridades competentes, en este caso de la DIGEGA y del DIA. Para evitar que los productos derivados de los animales de consumo contengan residuos no permitidos, o por encima de los límites máximos permitidos, LMR.

El alimento para el ganado, se debe evaluar y elegir la mejor forma para la condición, edad, salud y estado fisiológico del animal. A continuación se presentan varias formas:

Fuente: Google. 2018

Durante la cría y el manejo de los animales se deberán utilizar procedimientos de que ocasionen o puedan ocasionar sufrimientos o heridas a cualquiera de los animales afectados.

Esta disposición no excluirá el uso de determinados

procedimientos que puedan causar sufrimiento o heridas de poca importancia o momentáneos o que puedan requerir intervención sin probabilidad de causar un daño duradero, siempre que estén permitidos por las disposiciones nacionales.

En este caso, se deben evitar las intervenciones tales como descorones, que sean cruente, prefiriendo realizar esta práctica lo más temprano, posible durante la edad de los animales. Si este se va a practicar a animales mayores, es bueno tomar la decisión de realizar una intervención quirúrgica con los requerimientos de lugar.

Se deben utilizar las técnicas semiológicas tales como sujeción, tranquilización y sedación de los animales, hasta inclusive analgesia completa, para evitar sufrimientos innecesarios a los animales.

Las jaulas para becerros y terneros, deben ser construidas cumpliendo las exigencias de un espacio libre y suficiente para que puedan darse la vuelta y acostarse sin dificultad y de 1.5 m. cuadrados, por lo menos, para cada ternero de 150 kg. De peso vivo. **Cátedra bienestar animal IRTA, 2012**

Para su manejo y sujeción los animales deben colocarse en colleras, sujetadores o cepos, que permitan mantener su integridad y la protección del personal que lo maneje.

Para garantizar que los animales no padezcan problemas con la temperatura y la humedad, se deben colocar termómetros, separados de las paredes y tecos a un 1 o 1,5 m, para evitar lecturas erróneas, esto con la finalidad de garantizar la temperatura adecuada para cada especie y condición fisiológica entre se encuentre el animal. E incluso en las fincas se deben plantar árboles que proporcionen sombra a los animales para evitar insolación y estrés calórico que puede llevar al animal a problemas de salud o incluso la muerte.

La sombra en la finca es un punto importante para cumplir con el bienestar de los animales y el favorecimiento de la calidad de las carnes, como producto final.

Los árboles en las fincas como una alternativa de bienestar animal

Fuente: Anónimo

Con el objetivo de evitar, presencias de plagas y roedores, se debe retirar de manera frecuente las heces, la orina y los alimentos no consumidos o vertidos se retirarán con la mayor frecuencia posible.

Los suelos y pisos, deben ser dotados del drenaje y la pendiente adecuada, para evitar encharcamientos de agua que faciliten la contaminación cruzada y de los propios animales o alimentos almacenados. Deben ser construidos de tal forma que eviten lesionar a los animales ocasionando cojeras o pododermatitís, o provocar deslizamientos o caídas.

Las explotaciones ganaderas, deben contar con un lugar (enfermería) y otro para cuarentena, en el primero de contar con varias jaulas para separar los animales por peso y edad, cuando estén con problemas de salud, al igual que el lugar para cuarentena que alojara los animales nuevos que ingresaran a la finca, donde se le realizaran los análisis correspondientes, para garantizar que están libres de problemas o enfermedades sanitarias y que puedan contaminara a los demás animales.

Fuente: Google. 2018

Uno de los puntos vitales o crítico en nuestro país es el movimiento y transporte de los animales. Aunque existe una ley para esta actividad y existen los puntos de vigilancia en las diferentes carreteras del país, esto no garantiza el cumplimiento de la misma, e incluso la misma Ley, no establece claramente los peligros y los riesgos que se deben evitar durante el transporte y movimientos de los animales.

El vehículo destinado para estos fines debe estar diseñado y dotado de las condiciones necesarias que garantice la integridad y la salud de los animales. Permitir la ventilación y el movimiento de pararse y echarse de estos. Disponer de las facilidades que eviten resbalarse durante los movimientos del camión y golpearse uno con otro. Poseer cama adecuada, preferible de pasto con una abundante profundidad. Y que los animales deben ser transportados en grupos homogéneos para evitar lesiones o muertes por esta causa.

Los animales que van a ser transportados deben estar sanos y sometidos al ayuno correspondiente. Este ayuno evita mayor contaminación del animal y por ende de la canal durante el faenamiento de los animales, ya que es frecuente que los animales evacuen. Si los animales son transportados para el sacrificio en el matadero, a su llegada deben recibir un descanso y proporcionársele agua fresca y en cantidad suficiente. Se recomienda que los animales se sacrifiquen en mataderos próximos a su lugar de origen, ya que con esto se reducen las horas de transporte. Muchos estudios han demostrados que el contenido de glicógeno muscular se reduce a mayor tiempo de ayuno y también se afecta negativamente la calidad de la carne en términos de pH, lo que es más notorio después de un transporte largo. Las hora adecuadas para el transporte de los animales deben ser las horas frescas, temprano en la mañana o entrando la noche, nunca durante las horas de mayor intensidad solar.

El transporte y sus condiciones deben garantizar la salud y el bienestar de los animales.

Fuente: Google. 2018

Para garantizar un bienestar animal durante el transporte de los mismos y en consecuencia mantener la salud y la calidad e inocuidad de la carne es bueno cumplir con las siguientes recomendaciones:

- Evitar transportar animales enfermos o hembras en estados de gestación.
- El personal a cargo del transporte conozca los cuidados para manejar idóneamente a los animales evitando agresiones hacia ellos.
- Los vehículos transportadores cuenten con piso antideslizante, que los costados sean altos y con superficies lisas, estén provistos con algún tipo de protección contra el sol y la lluvia y además con una rampa portátil para agilizar la descarga en caso de emergencia.
- El número de animales para transportar sea el adecuado para la capacidad del vehículo, por

supuesto teniendo presente la edad, peso y estado fisiológico del ganado.
- De ser posible, transportarlos en lotes uniformes en cuanto a tamaño, porte y condición. Procure no mezclar animales con y sin cuernos.
- El vehículo debe estar limpio y desinfectado y contar con una cama adecuada que evite resbalarse y echarse cómodamente.
- Asegúrese siempre de llevar el certificado de movilidad animal expedido por el veterinario oficial del municipio correspondiente. DIGEGA.

La garantía de las buenas prácticas, consiste en el compromiso de los productores, ganaderos y operadores de alimentos para garantizar una producción limpia. Productos sanos, con calidad e inocuidad, que permitan dar confianza a los consumidores, mantener el comercio nacional e internacional, protección al medio ambiente y mantener la salud de los trabajadores. El rol de Estado es dar seguimiento y monitorear el cumplimiento de las normas y las leyes sanitaria y fitosanitarias, para que los límites máximos permitidos de los plaguicidas, medicamentos y productos veterinarios, así como los parámetros biológicos y físicos, se cumplan, para una mejor salud para todos.

El concepto de una solo salud, inicia en las fincas, en la salud de nuestros campos y animales, en ese entorno que llamamos ambiente, y que directamente repercute en la salud de los consumidores, que somos todos.

La UASD, como ente influyente en la sociedad dominicana, forjadora de valores sociales y el conocimiento científico, debe fomentar una conciencia ciudadana, sobre la protección de medio ambiente, la salud de las personas, también debe hacerlo para el bienestar animal. Compete directamente este hecho a la Escuela de Zootécnia y Medicina Veterinaria de la Facultad de Ciencias Agronómicas y Veterinarias, activar las propuestas y formar los profesionales y técnicos, para que capaciten a los productores y el personal de cada uno de los eslabones de la producción, cría, manejo y comercialización de animales sanos para llevar a cabo esta transformación.

Amparados todos en esta nueva Ley de protección a los animales, debemos exgir al Estado su rol rector y a cada un de los entes de la cadena productiva, para que implementen las buenas practicas ganaderas y agrícolas en pro de una condición de producción y cría de los animales acorde con los tiempos, ya que esta garantizara, una calidad e inocuidad final de nuestros alimentos de origen pecuario.

Razonablemente el bienestar de los animales es el resultado de dos elementos: por una parte, el reconocimiento de que los animales pueden experimentar dolor y otras formas de sufrimiento y, por otra parte, la convicción de que causar sufrimiento a un animal no es moralmente aceptable, al menos si no existe una razón que lo justifique. La sensibilidad hacia los animales no es en absoluto exclusiva de una determinada cultura ni es tampoco un fenómeno reciente. Un ejemplo muy claro de la globalización del bienestar animal es el hecho de que el bienestar animal fue incluido en el Plan Estratégico para el período 2001-2005 de la Organización Mundial de la Salud Animal (OIE), que es una organización internacional con 178 países como miembros de todo el mundo. Además, la Corporación Financiera Internacional (IFC-Banco Mundial) ha reconocido que el bienestar animal es un elemento importante en la producción animal en todo el mundo, y que garantizar el bienestar de los animales aumenta la rentabilidad económica de las explotaciones ganaderas, la calidad e inocuidad de las carnes y como consecuencia garantiza la espiritualidad humana y la salud de todos los consumidores.

El término Zootecnia deriva de los vocablos griego. "zoom" (animal) y 'techne' (técnica), lo que etimológicamente significa "la técnica o el arte de la cría animal'.

El objeto de estudio en ésta es el funcionamiento del animal corno individuo y como organismo producto.

En consecuencia la Zootecnia se encargada de gerencial adecuadamente las explotaciones pecuarias para obtener de ellas productos tales como: carne, huevo, leche, lana, piel, productos de la colmena, acuícola y pesqueros, etc. Buscando siempre que estos sean productos inocuos que garanticen al consumidor final un alimento de excelente calidad.

FUENTES Y BIBLIOGRAFIAS CONSULTADAS

1. Departamento de Inocuidad Agroalimentaria, RD. http://inocuidad.agricultura.gob.do/

2. Bejarano, S. Martín. 2001. Enciclopedia de la carne y de los productos cárnicos. Volumen I y II. Edictora: M&M, Martin y Macias. España

3. Burton, L. Devere y Cooper, Elmer L. 2009. Agrociencia, Fundamentos y Aplicaciones. 4ta. Edición, Editora: Delmar, Cengage Learning. México, D.F.

4. Cañeque, V. y Sañudo, C. 2005. Estandarización de las metodologías para evaluar la calidad del

producto (animal vivo, canal, carne y grasa) en los rumiantes. Monografías INIA: serie ganadera: No. 3-2005. Madrid, España

5. Situación de la ganadería en Rep. Dominicana
   http://es.scribd.com/doc/53218216/Situacion-de-la-ganaderia-de-leche-4

6. Cadena de comercialización de la carne bovina
   http://rastreabilidad.org/cadena.php?id=142&s=9

7. Como poner orden dentro del desorden genético de nuestra ganadería?
   http://portalganaderohigueyano.blogspot.com/2012/08/como-poner-orden-dentro-del-desorden.html

8. Agencia Españolo de Seguridad Alimentaria
   http://www.aesan.msc.es/AESAN/web/cadena_alimentaria/cadena_alimentaria.shtml

9. Código de buenas prácticas de alimentación animal,
   www.codexalimentarius.org/input/download/standards/.../CXP_054s.pdf

10. Revista Científica Archivos De Zootecnia
    http://www.uco.es/organiza/servicios/publica/az/php/az.php?idioma_global=0&revista=47&indice=26

11. Reglamento 52-08 Sobre Reglas Básicas para la aplicación de las Buenas Prácticas Agrícolas y

Ganaderas. http://enj.org/headrick/images/9/9a/Dec_52-08.pdf

12. Reglamento 178 de aplicación en la normas alimentarias Europeas http://eur-lex.europa.eu/LexUriServ/LexUriServ.do?uri=OJ:L:2013:058:0003:0004:ES:PDF

13. Reglamento 244-10. Sobre Límites Máximos Residuales de productos y medicamentos veterinarios.

    http://enj.org/headrick/images/a/ab/Dec_244-10.pdf

14. Proyecto de Ley sobre protección animal República Dominicana
    http://www.camaradediputados.gov.do/masterlex/mlx/docs/1D/121E/13D1.htm

15. **PAGINAS CONSULTADAS**

    - http://www.uclm.es/profesorado/produccionanimal/ProduccionAnimalIII/GUIA%20AVICULTURA_castella.pdf
    - http://www.senasa.gob.pe/RepositorioAPS/0/3/JER/1/GUIA%20BPAv%20prod%20huevos.pdf
    - http://biblioteca.unisucre.edu.co:8080/dspace/bitstream/123456789/170/1/T636.513068%20A473.pdf

- Organización Mundial de Sanidad Animal
http://www.rr-americas.oie.int/index.htm

NOTA: TODAS LAS CONSULTAS A ESTAS PÁGINAS Y DIRECCIONES ELECTRONICAS FUERON REALIZADAS JUNIO DEL 2013 a agosto 2018. Este documento tiene como objetivo, aportar a la formación de nuestros alumnos en las áreas de Zootecnia, Producción Animal, Veterinaria y personas interesadas en esta área.

www.ingramcontent.com/pod-product-compliance
Lightning Source LLC
Chambersburg PA
CBHW040340220526
45473CB00009B/2743